Eike Müller

Schüler auf Klassenfahrt

Was hat die Destination Hamburg zu bieten?

GRIN Verlag

Bibliografische Information der Deutschen Nationalbibliothek:

Die Deutsche Bibliothek verzeichnet diese Publikation in der Deutschen National-
bibliografie; detaillierte bibliografische Daten sind im Internet über http://dnb.d-
nb.de/ abrufbar.

Impressum:

Copyright © 2011 GRIN Verlag GmbH
Druck und Bindung: Books on Demand GmbH, Norderstedt Germany
ISBN: 978-3-656-49311-2

Dieses Buch bei GRIN:

http://www.grin.com/de/e-book/232878/schueler-auf-klassenfahrt

Universität Hamburg
Bachelorarbeit im Studiengang Lehramt an Gymnasien
Eingereicht im Fach Geographie

Schüler auf Klassenfahrt - Was hat die Destination Hamburg zu bieten?

Eingereicht von: Eike Müller

Abgabedatum: 26.08.2011

1. Einleitung

Vor der Erarbeitung dieser Bachelorarbeit stand zunächst die Frage, mit welchem Inhalt sich diese Arbeit befassen sollte. Die Überlegung führte zu den Themenschwerpunkten Hamburg und Tourismus, wobei mich als Hamburger die Frage interessierte, wie es mit dem Tourismus in meiner Heimatstadt bestellt ist. In Zusammenhang mit meinem Lehramtsstudium und dem Fach Geographie entstand die konkrete Idee, Hamburg als Destination und Klassenreisen zu thematisieren, so dass nach einiger Zeit auch der Titel dieser Arbeit feststand: „Schüler auf Klassenfahrt – Was hat die Destination Hamburg zu bieten?".

Der Titel dieser Arbeit „Schüler auf Klassenfahrt – Was hat die Destination Hamburg zu bieten?" spiegelt den Schwerpunkt dieser Arbeit wider. Hamburg, einerseits als zweitgrößte Deutschlands, andererseits wegen ihrer zahlreichen und einzigartigen Attraktionen und Sehenswürdigkeiten, ist seit Jahren Anziehungspunkt für viele Touristen unterschiedlichster Herkunft.

Die Tourismusstudie der Statistischen Landesämter von 2011hat ergeben, dass die Übernachtungszahlen in Hamburg steigen. So war Hamburg bei den Tourismusdestinationen im europäischen Vergleich mit etwa 9 Millionen Übernachtungen im Jahr 2010 auf Platz 11 (HAMBURG TOURISMUS GMBH 2011a). Nebst ganzjährigen Attraktionen, wie dem Miniatur Wunderland, Hamburg Dungeon, Hagenbecks Tierpark, Musicals und Museen, gibt es auch saisonale Touristenmagneten, so etwa der Hamburger Dom, der dreimal im Jahr stattfindet, oder der Hafengeburtstag. Die Angebote der Hansestadt sind vielfältig und bieten den Touristen viele Möglichkeiten ihren „Stadturlaub" zu erleben.

In dieser Arbeit wird der Frage nachgegangen, welche pädagogisch wert- und sinnvollen Möglichkeiten die Destination Hamburg für eine Klassenfahrt bietet, um als mögliches Ziel in Frage zu kommen. Dementsprechend soll das Ziel dieser Arbeit sein, die Möglichkeiten für Schülergruppen näher zu untersuchen und einige ausgewählte vorzustellen. Bei der Planung einer Klassenfahrt oder einer Exkursion wird der Organisator mit einer Vielzahl an Fragestellungen konfrontiert. Eine Auswahl jener Fragen stellen beispielsweise folgende dar: „Wo kann man übernachten?" „Wie teuer darf die Übernachtung sein?" oder „Was kann man in Hamburg unternehmen?" sind nur einige dieser Fragen.

Bei der Recherche konnte festgestellt werden, dass die Freie und Hansestadt Hamburg und die Hamburg Tourismus GmbH[1] zwar Überlegungen bezüglich Gruppenreisen angestellt haben, es aber keine speziellen Angebote für Klassenverbände gibt. Auf der Homepage der HTG (www.hamburg-tourism.de) gibt es unter der Rubrik Gruppenreisen eine Unterkategorie zum Thema Schüler- und Jugendgruppen, diese ist mit ihren Angeboten allerdings sehr knapp gefasst (HAMBURG TOURISMUS GMBH 2011b).

Da dieser Bereich beziehungsweise dieses Thema bislang kaum wissenschaftlich untersucht wurde, kann nur in Ansätzen auf Literatur zurückgegriffen werden. Somit wurden einige Ortstermine an verschiedenen Standorten in Hamburg durchgeführt, um Fotos zu machen oder Informationsmaterial zu beschaffen. Als praxisnaher Interviewpartner stellte sich der Lehrer Dieter Skolaster zur Verfügung, welcher am Landesinstitut für Lehrerbildung Hamburg in Zusammenarbeit mit der Universität an der der Didaktikausbildung zukünftiger Lehrerinnen und Lehrer befasst ist. Dieses Interview brachte gute Erkenntnisse darüber, welche Anforderungen von Seiten einer Lehrperson überhaupt an das Ziel einer Klassenfahrt gelegt werden.

Die Angebote der in der Arbeit beschriebenen Projekte und Ausflugsziele, richten sich vor allem an Lehrerinnen und Lehrer, die Schülerinnen und Schüler in der Sekundarstufe oder der Oberstufe unterrichten. Bei den vorgestellten Projekten und Ausflugsmöglichkeiten, handelt es sich um solche, die mit dem Fach Geographie (Stichwort: Stadtplanung in der Hafencity und der IBA Hamburg) und dem Fach Geschichte (Stichwort: Nationalsozialismus in der Hafencity und Auswandertum in der Ballinstadt) verknüpft werden können. Wie oberhalb bereits beschrieben, liegt der persönliche Schwerpunkt darauf, diese Arbeit mit dem eigenen Studium in Verbindung zu setzen. Aus diesem Grund lag die Auswahl der Ausflugsmöglichkeiten im Bereich der Fächer Geographie und Geschichte.

Dieser Arbeit liegt folgender Aufbau zugrunde: In einem ersten Abschnitt soll durch eine Sammlung von Definition, die existenziell für diese Arbeit sind, ein genereller Einstieg ermöglicht werden. Im Kontext dieser Arbeit wird hierin besonders auf die Begriffe Tourismus, Klassenfahrt, Destination, Nachfrage und Angebot eingegangen. Daran anschließend setzt sich Kapitel 3 näher mit den Anforderungen an Klassenfahrtsdestinationen in Zusammenhang mit der Möglichkeit, nicht ausschließlich Wissen, sondern auch unterschiedliche Kompetenzen im

---

[1] im Folgenden HTG genannt

Rahmen der Klassenfahrt zu fördern, auseinander. Im Anschluss daran, werden in Kapitel 4 verschiedene Gegebenheiten Hamburgs im Kontext einer Klassenfahrts-destination vorgestellt. Hierbei erfolgt eine Vorstellung unterschiedlicher Über-nachtungs- und Ausflugsmöglichkeiten. Außerdem folgt eine kurze Darstellung darüber, wie der öffentliche Nahverkehr in Hamburg ausgebaut ist. Im Anschluss daran kommt es ebenfalls noch einmal zu einer Auseinandersetzung mit den Kon-zeptaussichten für Hamburg. Hierbei wird ein besonderer Wert auf die Chancen Hamburgs als Destination für Klassenfahrten gelegt und noch einmal spezifisch darauf eingegangen, wie sich die vorgestellten Ausflugsziele in den Lehrplan ein-ordnen lassen.

Abschließend fasst ein Fazit die Ergebnisse dieser Arbeit noch einmal zusammen und beantwortet die Eingangsfrage.

2. Definitionen

Damit die weiteren Ausführungen für den Leser klarer beziehungsweise verständ-licher sind, bedarf es zuerst einer Definition einiger wichtiger Begriffe, da diese für diese Arbeit von Bedeutung sind.

2.1 Tourismus

Grundlegend für eine Arbeit zum Thema Tourismus ist es, diesen Begriff zunächst zu definieren.

Entstanden aus dem griechischen Begriff *tornos*, für ein zirkelähnliches Werkzeug,

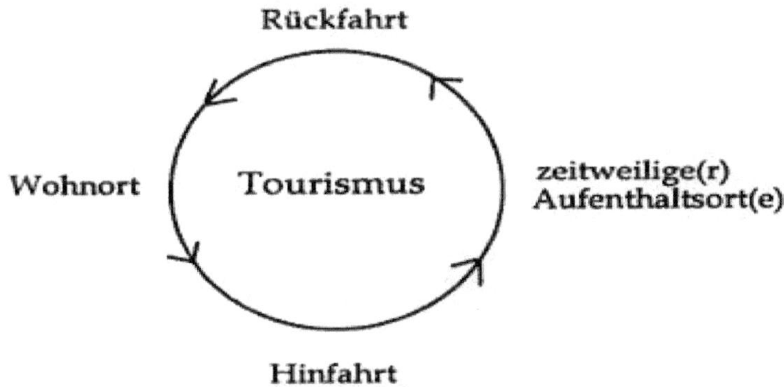

Abbildung 1: Die Zirkelbewegung des Tourismus (Quelle: MUNDT 2006: 2)

entwickelte sich das Wort Tourismus über das lateinische *tornare* (= runden) und das französische *tour* ins Englische und Deutsche (vgl. MUNDT 2008: 691). Tourismus ist somit der Oberbegriff für „das zeitweilige Verlassen seiner gewohnten Umwelt, bei dem die Rückkehr an einen festen Ausgangspunkt von vorneherein feststeht und ohne deren Gewißheit man die Reise gar nicht erst angetreten hätte" (MUNDT 2006: 3), wobei der Aufenthaltsort „weder hauptsächlicher und dauernder Wohn- noch Arbeitsort" ist (KASPAR 1991: 18).

Veranschaulicht wird das Schema einer Reise durch die in Abbildung 1 dargestellte Zirkelbewegung des Tourismus.

Ursprünglich wurde in der deutschen Sprache für den Begriff ‚Tourismus' die Bezeichnung ‚Fremdenverkehr' benutzt, aber in der letzten Zeit von diesem zunehmend abgelöst (vgl. MUNDT 2005: 691). Der Begriff ‚Tourismus' ist weitergehend von dem Begriff ‚Reise' zu unterscheiden, welcher umfassender jede Entfernung von einem bestimmten Ort kennzeichnet. Dieses ist unabhängig davon, ob man an diesen Ort zurückkehrt oder nicht (vgl. MUNDT 2005: 691). „Der Tourismus umfaßt also eine Vielzahl von Reisearten, von Privat- bis zu Dienst- und Geschäftsreisen, auch wenn umgangssprachlich oft damit nur die privaten Urlaubsreisen bezeichnet werden" (MUNDT 2005: 691).

Erweiternd bezeichnet Tourismus ebenfalls alle „Phänomene", die mit einer solchen Art von Reise verbunden sind. Dazu gehören auf Seiten der Touristen zum Beispiel: die Reisemotivation, die Reiseentscheidung oder die Aktivitäten während

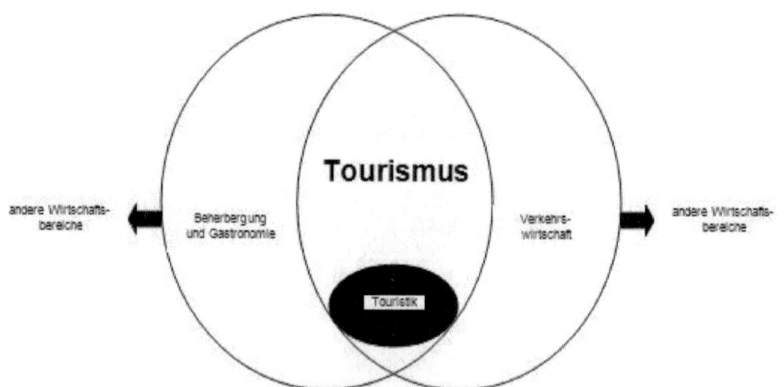

Abbildung 2: Der Tourismus im Schnittpunkt verschiedener Wirtschaftsbereich (Quelle: eigene Darstellung nach MUNDT 2006: 3)

der Reise beziehungsweise des Aufenthalts. Auf der Seite von Anbietern werden die Begriffe ‚Destination'[2], Verkehrsunternehmen oder Beherbergungsbetriebe angesprochen. Diese werden dann meist unter dem Stichwort ‚Tourismuswirtschaft' zusammengefasst (vgl. MUNDT 2005: 691).

Es ist aber festzuhalten, dass der Tourismus oftmals ein großer Wirtschaftsfaktor für gewisse Regionen ist und verschiedene Wirtschaftbereiche schneidet (siehe Abbildung 2), auch wenn der Begriff Tourist mittlerweile doch bisweilen als etwas Negatives oder sogar als Schimpfwort gebracht wird (vgl. FREYER 2006: 84).

2.2 Destination

Als ein wichtiger Begriff dieser Arbeit kann der Begriff der Destination hervorgehoben werden. Zusammenfassend umschreibt dieser Begriff das für eine spezifische Zielgruppe relevante Zielgebiet. Unterschieden werden grundsätzlich drei Typen von Destinationen:

- traditionelle Destinationen, wie zum Beispiel Rügen, Hamburg oder Tirol
- neue Destinationen (zum Beispiel Ferienresorts oder von einem Unternehmen dominierte und zentral gesteuerte Ferienorte)
- destinationsähnliche Produkte (zum Beispiel Kreuzfahrten oder Themenparks) (vgl. Bieger & Widmann 2007: 179)

Weiter definiert die Welttourismusorganisation der Vereinten Nationen UNWTO eine Destination als einen Ort mit einem Muster, von Attraktionen und damit ver-

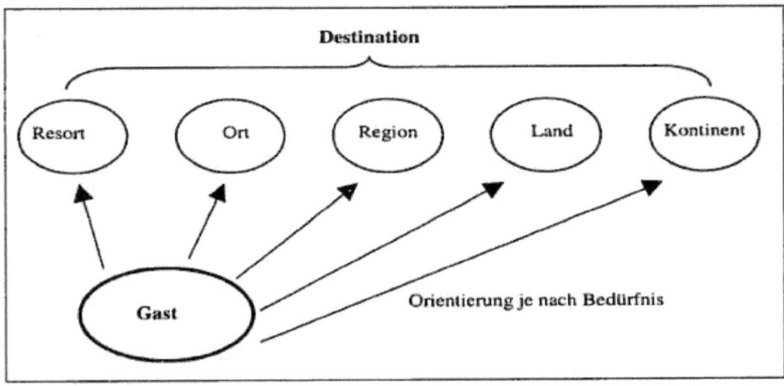

Abbildung 3:Wahl der Destination nach Bedürfnis des Gastes (Quelle: BIEGER 2005: 57)

---

[2] siehe Kapitel 2.2

bundenen Einrichtungen des Tourismus, den ein einzelner Tourist oder eine Touristengruppe für einen Besuch auswählt und welchen die Leistungsersteller vermarkten. Daraus lässt sich zusammenfassen, dass der Begriff der Destination als
Reiseziel oder als Tourismusprodukt zu verstehen ist (vgl. MCINTYRE ET AL. 1993:
22).

Dementsprechend wird eine Destination immer dahingehend nachfrageorientiert
als ein Raum definiert werden, welchen der Gast oder eine spezifische Zielgruppe
als Reiseziel auswählt. So enthält die Destination sämtliche für einen Aufenthalt
nötigen Beherbergungen, Verpflegung, Unterhaltung und Beschäftigung (vgl. Bieger 2005: 56). Abbildung 3 veranschaulicht die Wahl einer Destination je nach Bedürfnis eines Gastes.

2.3 Nachfrage

Einhergehend mit dem Angebot, welches in Kapitel 2.4 näher erläutert wird, ist der
Begriff der Nachfrage.

Es ist wichtig zu wissen, dass die touristische Nachfrage von allen Bereichen des
gesellschaftlichen Lebens beeinflusst wird.

Um die Komplexität der Nachfrage besser erkennen zu können, unterscheidet
man in Anlehnung an ein ganzheitliches Tourismusmodell sechs Einflussbereiche:

- individuelle Einflüsse
- gesellschaftliche Einflüsse
- ökologische Einflüsse
- ökonomische Einflüsse
- Anbieter-Einflüsse
- staatliche Einflüsse

Zu diesen sechs Einflussbereichen sei gesagt, dass diese Aufteilung und Unterteilung nur teilweise eine Erklärung für Reisen und Reisenachfrage ist (vgl. FREYER
2006: 67f).

Diese sind für einen einfachen Überblick in Abbildung 4 noch einmal zusammengefasst.

Generell ist bei der Nachfrage, wie in Abbildung 4 zu erkennen ist, dass diese,
nach einem bestimmten Produkt immer durch die Interessen einzelner oder mehrerer zustande kommen. Sehr viele verschiedene Faktoren spielen in dieses Konstrukt mit ein und beeinflussen dieses.

Es bleibt festzuhalten, dass sich die Angebote meist nach dem zu richten haben, was durch den Kunden oder andere Interessenten tatsächlich nachgefragt wird.

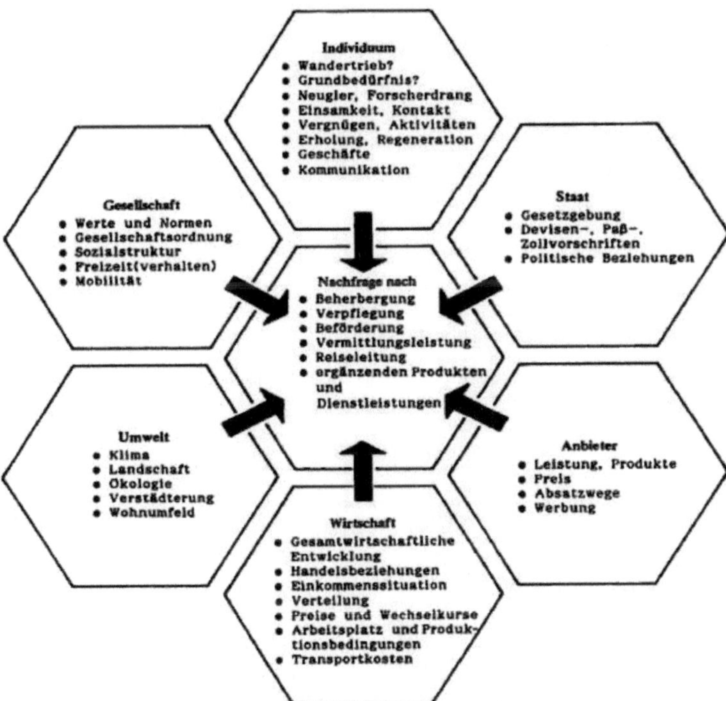

Abbildung 4: Einflussfaktoren auf die Tourismusnachfrage (Quelle: FREYER 2006: 68)

2.4 Angebot

Analog zur Nachfrage gestaltet sich das Angebot.

Auch hier gibt es unterschiedliche Einflussfaktoren, die sich aber in einigen Punkten von denen der Nachfrageseite unterscheiden.

Folgende Einflussfaktoren auf das touristische Angebot können ausgemacht werden (FREYER 2006: 123f):

- gesellschaftliche Einflüsse

- Umwelteinflüsse

- wirtschaftliche Einflüsse

- Nachfrager-Einflüsse

- staatliche Einflüsse

- unternehmerische / betriebliche Einflüsse

Abbildung 5 veranschaulicht die Einflussfaktoren auf das touristische Angebot.

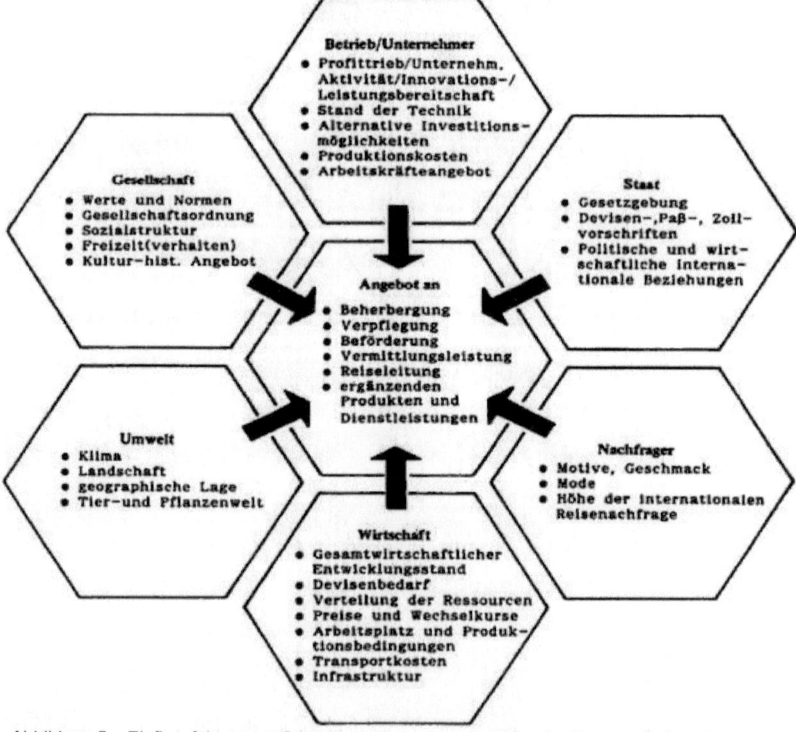

Abbildung 5: : Einflussfaktoren auf das touristische Angebot (Quelle: FREYER 2006: 122)

Diese Grafik, die der in Kapitel 2.3 ähnelt, kann vergleichend einen guten Überblick über die Einflussfaktoren beider miteinander verbundenen Begriffe sein beziehungsweise bieten.

Darüber hinaus sei gesagt, dass es sowohl bei der Nachfrage keinen typischen Nachfragetyp gibt, als auch bei der Angebotsseite somit das touristische Angebot sehr vielfältig ist. So gibt es über Pauschalreisen hinaus Vermittlungsleistungen der Reisebüros, die Leistungen der Reiseleiter oder andere Dienstleistungen. Diese können dem Touristen die Reisen und somit auch eine Klassenreise erleichtern (vgl. FREYER 2006: 125).

2.5 Klassenfahrt

Wie schon hervorgehoben, hat diese Arbeit auch den Themenschwerpunkt Klassenfahrten. Deshalb ist es auch hier unumgänglich eine Begriffsdefinition vorzunehmen.

Klassenfahrten gehören für Schülerinnen und Schüler während der Schulzeit ohne Zweifel zu den Höhepunkten im Schulleben und unterbrechen die tägliche Routine des Schulalltags auf eine angenehme Art und Weise (vgl. BRÜNING 2007: 405).

Hierbei stellen Klassenfahrten an Lehrerinnen und Lehrer jedoch besondere pädagogische und fachliche Anforderungen. Sie bedeuten somit einen erhöhten Arbeitsaufwand und vor allem eine große Verantwortung gegenüber den Schülerinnen und Schülern (vgl. BRÜNING 2007: 405)

Durch die Richtlinien der Kultusminister werden die pädagogischen Zielsetzungen untermauert. In ihren Richtlinien hoben die Kultusminister die Bedeutung von Schulwanderungen und Schulfahrten ausdrücklich hervor, da diese eine Möglichkeit bieten würden, den Unterricht zu ergänzen und zu erweitern (vgl. BRÜNING 2007: 405). Desweiteren könnten die Schülerinnen und Schüler neue Erfahrungen sammeln und das Sozialverhalten und gegenseitiges Verstehen in der Gruppe würden gefördert werden.

Dabei sollen Klassenfahrten keineswegs als eine freizeittouristische Unternehmung verstanden werden, sondern sollen möglichst Bezug zum Unterricht haben und unter pädagogischen Zielsetzungen stehen, wobei diese den Schülerinnen und Schülern auch Spaß machen sollten (vgl. BRÜNING 2007: 405).

Insgesamt lassen sich vier Arten von Klassenfahrten unterscheiden:

- Schulwanderungen, bei welchen zum Beispiel die nähere Umgebung zum Schulort unter verschiedenen Aspekten untersucht werden kann

- Schullandheimaufenthalte, in welchen man Unterricht und Erziehung zum Beispiel in Bezug auf das Sozialverhalten miteinander verbinden kann

- Studienfahrten, auf denen der Schwerpunkt auf die Vertiefung von Unterrichtsinhalten gesetzt wird und welche möglichst einen fächerübergreifenden Bezug haben sollten. Studienfahrten werden im Unterricht vorbereitet und anschließend ausgewertet und nachbereitet.

- Internationale Begegnungen dienen der persönlichen Verbindung zwischen deutschen und ausländischen Schülern und sollen somit zur Völkerverständigung beitragen.

Die Schulkonferenz einer jeweiligen Schule legt den Rahmen einer Klassenfahrt fest, in welchem diese an der betreffenden Schule durchgeführt wird. (vgl. BRÜNING 2007: 405)

3. Anforderungen an Klassenfahrtziele und mögliche Kompetenzaneignung auf Klassenfahrten

An Klassenfahrtsdestinationen werden gewisse Ansprüche gestellt. In diesem Kapitel sollen diese Anforderungen an eine Klassenfahrtdestination näher beleuchtet werden.

Destinationen von Klassenfahrten müssen Lerngruppen etwas bieten, was die Lehrkraft nicht in den Unterricht holen kann (vgl. MÜLLER 2011b).

Neben diesem Punkt ist es für die Lehrkraft zunächst notwendig, eine geeignete Unterkunft für sich und die Schüler zu finden. Die Übernachtungsmöglichkeit, die als Start- und Zielpunkt der jeweiligen Tagesausflüge zählt, ist obligatorisch für alle Klassenfahrtziele.

Des Weiteren sollte es an der Destination Möglichkeiten geben, das im Unterricht Gelernte in die Praxis umzusetzen und den Schülerinnen und Schülern einen Eindruck zu vermittelt, dass das, was sie im Unterricht lernen auch in der Praxis angewandt werden kann (vgl. MÜLLER 2011b).

Zu diesen Möglichkeiten zählen unter anderem:

- Museen

- Ausstellungen

- Botanische Gärten
- städtische Quartiere (zum Beispiel die Hamburger Hafencity)
- Gegebenheiten der physischen Geographie, zum Beispiel dessen besondere Lage

Diese Aufzählung ist nur ein Teil der Möglichkeiten, theoretischen Unterricht im Klassenzimmer in eine praxisnahe Erfahrung umzusetzen.

Bei Schülerinnen und Schülern stellt sich auch immer die Frage nach Freizeitmöglichkeiten. Hier sei ganz klar gesagt, dass Klassenreisen auch den Schülerinnen und Schülern Spaß machen sollten, der Schwerpunkt aber darauf liegt, dass die Teilnehmer etwas lernen (vgl. MÜLLER 2011b).

Ein Punkt hierin ist die Kompetenzaneignung in verschiedenen Domänen.

Dieser wird im Folgenden exemplarisch für das Fach Geographie ein wenig erläutert. So eignen sich Exkursionen und Klassenreisen sehr gut human- oder physisch-geographische Fragestellungen zu erforschen. Es können zum Beispiel Daten erhoben werden, auf die man im Klassenraum keinen Zugang hätte, etwa bei der individuellen Raumwahrnehmung externer Akteure. Weiterhin eignen sich Klassenfahrten auch dazu Kompetenzen im Bereich „Räumliche Orientierung" zu vermitteln, da hier die auf den Realraum bezogenen Kompetenzen wie topographische Kenntnisse, Orientierungsfähigkeit oder auch der angemessene Umgang mit Karten, geübt werden können. Weiterhin können sich Schülerinnen und Schüler im Bereich „Kommunikation" Kompetenzen im rezeptiven, interaktiven und produktiven Bereich aneignen. Der besondere Vorteil einer Klassenfahrt, gegenüber dem Klassenunterricht, in welchem die Schülerinnen und Schüler bisweilen nur mit Gleichaltrigen oder den Lehrkräften kommunizieren, besteht hier darin, dass hier zum Beispiel Methoden wie Befragungen angewandt werden können, bei denen die Schülerinnen und Schüler in eine direkte mündliche Kommunikation mit unterschiedlichen Personengruppen kommen und mit unterschiedlichen Situationen umgehen müssen. Bei der Auswertung solcher Ergebnisse fördern die Schülerinnen und Schüler hierbei obendrein noch ihre „Beurteilungskompetenz" indem sie ihre Ergebnisse und Erfahrungen reflektieren. Durch diese Kompetenzen, wird eine Weitere, die „Handlungskompetenz", gestärkt. Hierin wird die Bereitschaft der Schülerinnen und Schüler gestärkt, aktiv zu werden und sich somit eine eigene Meinung über die auf der Klassenfahrt und im Unterricht erarbeiteten Themen zu bilden. Ob es aber zu einer Kompetenzsteigerung in den jeweiligen Domänen kommt hängt davon ab, wie die Potenziale der Raumkonzepte (Containerraum, Wahrnehmungsraum, Raum in System von Lagebeziehungen und Raum als soziale Konstruktion)[3] genutzt werden (vgl. BUDKE 2009: 17).

Trotzdessen ist es auch wichtig den Schülerinnen und Schülern in ihrer vorhandenen Freizeit die Möglichkeit zu geben etwas Unterrichtsfernes zu unternehmen (vgl. MÜLLER 2011b). Diese Möglichkeiten sind aber von Destination zu Destination unterschiedlich. In großen Städten, wie zum Beispiel Hamburg, bestehen natürlich weitaus mehr Freizeitmöglichkeiten als eine Destination die etwas abgelegener ist wie zum Beispiel ein Schullandheim.

Bei der Destinationsauswahl sollte so vorgegangen werden, sich eine Destination zu suchen, deren Ausflugsmöglichkeiten weit über das Touristische hinaus gehen. Es ist unumstritten, dass es keinen Sinn macht nur touristische Highlights einer Destination abzuarbeiten. Dies ist auch in den schulischen Bestimmungen der meisten Lehranstalten nicht vorgesehen.

Destinationen sollten somit die Möglichkeit bieten, den Anforderungen der Lehrpläne, in Zusammenhang mit der Arbeit der Lehrkräfte, gerecht zu werden, sei es nun im Fach Geographie, Biologie, Wirtschaft oder Geschichte (vgl. MÜLLER 2011b).

Ein weiteres Augenmerk sollte auf das Alter der Schülerinnen und Schüler gelegt werden. So sind nicht alle Destinationen für jedes Alter geeignet. Hierbei sollte die Lehrkraft sich genau überlegen, welche Destination er oder sie gemeinsam mit den oder für die Schülerinnen und Schülern auswählen möchte. Hilfreich hierfür können andere Kollegen oder auch Bestimmungen der Schule oder des Bundeslandes sein, da sie unter anderem ein Anregung geben können.

Als letzter Punkt sei angeführt, dass die Destination das Budget für Klassenfahrten nicht übersteigen sollte. Jedes Bundesland und auch einige Schulen legen hierfür bestimmte Grenzen fest. Diese Grenzen können von Bundesland zu Bundesland oder von Schule zu Schule stark variieren. Aus diesem Grund kann hierfür auch kein genauer Wert genannt werden. Wichtig ist nur, dass durch die Kosten der Destinationswahl keine Schülerinnen und Schüler benachteiligt werden, da man auch in besser situierten Umfeldern Familien hat, die sich eine Klassenfahrt, zum Beispiel nach Spanien oder Frankreich, nicht leisten können. Somit ist auch das

---

[3] vergleiche hierzu Rhode-Jüchtern 2002

Budget ein Punkt, welchen man für die Auswahl einer Destination berücksichtigen sollte (vgl. MÜLLER 2011b).

4. Was hat Hamburg als Destination für Klassenfahrten zu bieten?

4.1 Übernachtungsmöglichkeiten in Hamburg

Hamburg bietet mehrere Möglichkeiten zur Übernachtung. Diese sind aber nicht immer unbedingt dazu geeignet, größere Schülergruppen aufzunehmen. Einerseits können sie zu teuer oder andererseits aber auch nicht dafür ausgelegt sein, größere Schülergruppen zu beherbergen. Eine Alternative bilden Jugendherbergen oder andere sogenannte Hostels, aber auch günstige Hotels, von denen es einige in Hamburg gibt. Ausschlaggebend für die Entscheidung in was für einer Lokalität die Lehrkraft mit ihrer Klasse unterkommen möchte hängt nicht zuletzt davon ab, ob die Unterkunft den Ansprüchen an eine Gruppenunterkunft gerecht wird. Es gibt Lehrkräfte, die bevorzugen den Charme einer Jugendherberge, andere wiederum möchten eher in einem Hostel oder Hotel übernachten. Letztendlich ist es natürlich wichtig, sich einen Eindruck über die Übernachtungsgelegenheit zu bilden. Hilfreich sind hierfür Erfahrungsberichte von Kolleginnen und Kollegen, Bewertungen auf einschlägigen Internetportalen[4] oder die Möglichkeit einer Vorexkursion, in der die Lehrkraft zum Beispiel über ein Wochenende die entsprechende Unterkunft testet. Das Letztgenannte ist vielleicht die objektivste der drei Möglichkeiten, erfordert aber auch ein gehöriges Maß an Engagement der Lehrkraft, da hierfür Freizeit aber auch entsprechende Kosten für Übernachtung und Anreise aufgewendet werden müssen.

Durch die Fülle an Übernachtungsmöglichkeiten sollte allerdings für jeden Anspruch etwas Passendes zu finden sein.

4.1.1 Jugendherbergen

Erstaunlich für eine Stadt wie Hamburg, gibt es nur zwei Häuser des Deutschen Jugendherbergswerkes. Jungendherbergen sind wegen ihrer moderaten Preise

---

[4] zum Beispiel: www.holidaycheck.de

und der Eignung größere Gruppen aufzunehmen meist der erste Anlaufpunkt, wenn es um Übernachtungen bei Klassenfahrten geht. In Hamburg sind es einerseits die Jugendherberge „Auf dem Stintfang" (Abbildung 6) in direkter Nähe der Hamburger Landungsbrücken, andererseits die Jugendherberge „Horner Rennbahn" an der Rennbahnstraße in direkter Nachbarschaft zur Horner Galopprennbahn (Deutsches Jugendherbergswerk 2011c). Die Preise für Übernachtungen inklusive Frühstück und Bettwäsche sind mit circa 20 Euro pro Nacht und Person relativ moderat und sollten somit das Budget der Klassenreise nicht übersteigen (Deutsches Jugendherbergswerk 2011a &2001b). Im Gegensatz zu der HTG bieten die beiden Jugendherbergen auch jeweils ein spezielles Programm für Schülergruppen ab der 8. Klasse[5] beziehungsweise ab der 9. Klasse[6] an. Diese Angebote umfassen nebst den Aktivitäten auch die Übernachtungen in der jeweiligen Jugendherberge (Jugendherberge „Auf dem Stintfang" 2011 & Jugendherberge „Horner Rennbahn" 2011). Wie schon zuvor in Kapitel 4.1 verdeutlicht wurde, sei generell gesagt, dass es auch vom Anspruch der jeweiligen Lehrkraft abhängt, ob er oder sie es vorzieht mit der Klasse in eine Jugendherberge zu übernachten, oder in einer anderen Unterkunftsmöglichkeit. Auch bei den Jugendherbergen gibt es gute und nicht so gute Unterkünfte, wobei die beiden Hamburger Jugendher-

Abbildung 6: Jugendherberge "Auf dem Stintfang" (Quelle: eigene Aufnahme am15.08.2011)

---

[5] Die Jugendherberge „Horner Rennbahn" bietet das Angebot „Wat löpt in Hamburch?" an. Dieses Angebot umfasst fünf Tage mit vier Übernachtungen inklusive Halbpension und Programm (vgl. Jugendherberge „Horner Rennbahn" 2011b).

[6] Die Jugendherberge „Auf dem Stintfang" bietet das Angebot „Hipper Kiez mit dicken Pötten" an. Dieses Angebot umfasst ebenfalls fünf Tage mit vier Übernachtungen inklusive Halbpension und Programm, jedoch kommt noch ein Mittagessen hinzu (vgl. Jugendherberge „Auf dem Stintfang" 2011b).

bergen nach einem Ortsbesuch einen sehr positiven Eindruck hinterlassen haben. So sind die Zimmer[7] in beiden Jugendherbergen modern gestaltet, wobei sie immer noch den typischen Jugendherbergscharme vermitteln. Auch wenn Jugendherbergen immer noch den einen recht altertümlichen Ruf haben, so sind sie doch immer eine gute Alternative für Schulklassen während einer Klassenreise zu übernachten.

4.1.2 Hostels und Hotels

Auf dem Hamburger Übernachtungsmarkt gibt es neben den beiden Jugendherbergen auch einige Hostels und Hotels, die den Ansprüchen an eine Schülergruppe gerecht werden. So gibt es in der Umgebung der City etliche Angebote, sofern man einschlägigen Internetanbietern, wie zum Beispiel hostelbooker.com (HOSTELBOOKERS.COM 2011), glauben mag. Wie auch bei den Jugendherbergen beginnen hier die Preise für Mehrbettzimmer ab circa 20 Euro pro Nacht und Person, sodass diese ebenfalls in das Budget einer Klassenfahrt passen (vgl. HOSTELBOOKERS.COM 2001 & HOSTELWORLD.COM 2011). Diese Angebote sind auch meist inklusive Frühstück, andernfalls wird hier ein geringer Aufpreis veranschlagt. Sollten weitere Mahlzeiten gewünscht werden, so ist die Gruppe oftmals darauf angewiesen außerhalb der Übernachtungslokalität zu essen. Hierdurch würden wiederum Mehrkosten anfallen, die bei Jugendherbergen beispielsweise schon inklusive sind und nicht noch extra einberechnet werden müssten Bei der Recherche ist aufgefallen, dass ein Großteil der Hotels und Hostel nicht über Angebote für Schulklassen verfügen. Dieses kann allerdings auch dem gestalterischen Wirken der Lehrkraft sehr entgegenkommen. Auch bei den Hostels und Hotels bleibt letztendlich die Entscheidung in Bezug darauf, was für einen Zweck die Unterkunft erfüllen soll.

---

[7] angeboten werden in der Jugendherberger „Auf dem Stintfang" 2-6 Bettzimmer mit Dusche und WC sowie drei 8-Bettzimmer, sogenannte „Panoramadorms" mit Hafenblick (vgl. JUGENDHERBERGE „AUF DEM STINTFANG" 2011c). Die Jugendherberge „Horner Rennbahn" verfügt über 2-6 Bettzimmer, wobei es je nach Etage ein Bad auf dem Zimmer oder ein Etagenbad gibt (vgl. JUGENDHERBERGE „HORNER RENNBAHN" 2011c).

4.2 Mobilität durch den öffentlichen Personen-Nahverkehr

Da die Teilnehmer von Klassenreisen in den meisten Fällen auf öffentliche Verkehrsmöglichkeiten des Zielortes angewiesen sind, soll in diesem Kapitel die Mobilität mit öffentlichen Verkehrsmitteln kurz betrachtet werden.

Bei näherer Betrachtung der öffentlichen Verkehrsanbindung, hat es den Anschein, dass Hamburg gut mit öffentlichen Verkehrsmitteln ausgestattet ist, so dass mögliche Exkursionsziele recht gut erreicht werden können. Gerade der Innenstadtbereich ist mit Bus und Bahn gut zu erkunden, zudem fahren hier die Busse und Bahnen in einer häufigen Taktung. Wenn Exkursionsziele allerdings am Rande von Hamburg liegen, muss Letztgenanntes jedoch nicht unbedingt der Fall sein. Generell können die Fahrtzeiten zu solchen Zielen eventuell lagebedingt länger sein. Ebenso sollte bedacht werden, dass Anbindungen eventuell nicht so optimal zeitlich abgestimmt sind und das in Randgebieten von Hamburg das Verkehrsnetz nicht ganz so eng ausgebaut ist, wie in der Innenstadt. Hierdurch können einerseits Fußwege von der Haltestelle zum Exkursionsziel länger sein, andererseits ist die Taktung der öffentlichen Verkehrsmittel hier seltener als in den Innenstadtbereichen (vgl. HAMBURGER VERKEHRSVERBUND 2011a)

Für Schülergruppen ab 11 Personen, bietet der Hamburger Verkehrsverbund (HVV) vergünstigte Fahrkartenmodelle an. Auch der Inhaber einer Hamburg Card, ausgegeben durch die HTG, kann kostenlos im Großbereich des HVV die öffentlichen Verkehrsmittel nutzen. Abhäng von den geplanten Unternehmungen vor Ort, sollte individuell abgewägt werden, was die günstigste Alternative ist (vgl. Hamburger Verkehrsverbund 2011b & Hamburg Tourismus GmbH 2011.

4.3 Ausflugs- /Exkursionsmöglichkeiten

Da die Ausflugs- beziehungsweise Exkursionsmöglichkeiten in Hamburg vielfältig sind, werden in diesem Kapitel einzelne detaillierter beschrieben. Auf andere kann aus Gründen der Spezialisierung oder der Masse der Angebote nicht im Detail oder gar nicht eingegangen werden. Schwerpunkte sollen hierbei einerseits nachhaltige, stadtplanerische Projekte, aber auch geschichtliche Exkursionspunkte sein. Die Konzeptmöglichkeiten der Jugendherbergen werden nicht vorgestellt, da diese eher auf touristische Attraktionen ausgelegt sind.

4.3.1 Die Hamburger Hafencity

Die Hamburger Hafencity ist eines der wichtigsten Städtebaukonzepte der letzten Jahre (vgl. MÜLLER 2011), nicht zuletzt dadurch dass hier ein komplett neuer Stadtteil etwa 155ha Plangebiet aus dem Nichts erschaffen wurde und immer noch wird (HAFENCITY HAMBURG 2006: 14). Anhand der Hafencity können Schülerinnen und Schüler praxisnah die Entstehung eines neuen Stadtteils, auch unter Nachhaltigkeitsaspekten[8], erfahren. Das Thema Stadtentwicklung hat heutzutage mehrheitlich den Weg in die Bildungspläne der Bundesländer im Schulfach Geographie geschafft. Einen Beweis hierfür liefert der Bildungsplan Geographie für Gymnasiale Oberstufen der Freien und Hansestadt Hamburg (vgl. FREIE UND HANSESTADT HAMBURG 2009: 18).

Durch das Planungskonzept der Hafencity, welches auf einen Entwicklungszeitraum von circa 25 Jahren ausgelegt wurde, soll nach mehr als hundert Jahren versucht werden, die Hamburger Innenstadt an einer zentralen Stelle wieder mit der Elbe zu verbinden (vgl. HAFENCITY 2006: 14). Aus diesem Grund soll die Hafencity mit der heutigen Innenstadt möglichst eng verknüpft werden um gegenseitige Zusammenwirkungseffekte eines zusammenhängenden Innenstadtquartiers nutzen zu können (vgl. HAFENCITY 2006: 20). So ist die Hafencity keinesfalls ein beliebiges Stadterweiterungsprojekt, sondern soll ein integrativer Bestandteil der Hamburger Innenstadt werden (GHS 2002: 15)

Hierbei haben die Planer der Hafencity die Absicht, dass hier ein Areal mit innerstädtischem Charakter entsteht, welches seine hafentypische Struktur von Land- und Wasserflächen behält (vgl. HAFENCITY 2006: 18).

Nach Auffassung der Stadtplaner sollte die Entwicklung dieses neuen Stadtteils in Teilquartieren mit 18 Plangebieten und Teilbereichen erfolgen, welche ein notwendiges Eigengewicht, im Prinzip eine Art eigene Indentität haben und so

---

[8] Ein Bündel ehrgeiziger Maßnahmen stellt die beispielhafte Nachhaltigkeit der HafenCity sicher. Diese sind unter anderem:

- die Reduzierung des im Gebäudebetrieb entstehenden Primärenergiebedarfs weit über die gesetzlichen Vorgaben hinaus. Bei Wohnbauten muss der strenge Passivhaus-Standard erreicht werden.
- Nachhaltigkeit mit öffentlichen Gütern: also zum Beispiel durch fortschrittliche Sanitäranlagen Wasser sparen.
- Einsatz umweltschonender Baustoffe: . Gebäude müssen ohne halogenhaltige Baustoffe, flüchtige Lösungsmittel oder Biozide gebaut werden und Tropenhölzer aus zertifiziert nachhaltigem Anbau stammen. (vgl. HAFENCITY 2011)

eine gewisse Überschaubarkeit der einzelnen Quartiere zu gewährleisten. Hierbei sollen die Quartiere jeweils einen eigenen städtebaulichen Charakter haben sich aber dennoch in das städtebauliche Gesamtbild der Hafencity einfügen (HAFENCITY 2006: 18). Abbildung 8 zeigt einen Überblick über das Areal der Hafencity, Abbildung 7 die jeweiligen Plangebiete und Teilbereiche.

Abbildung 8: Luftbild der Hamburger Hafencity (Quelle: GoogleMaps verändert durch E. Müller)

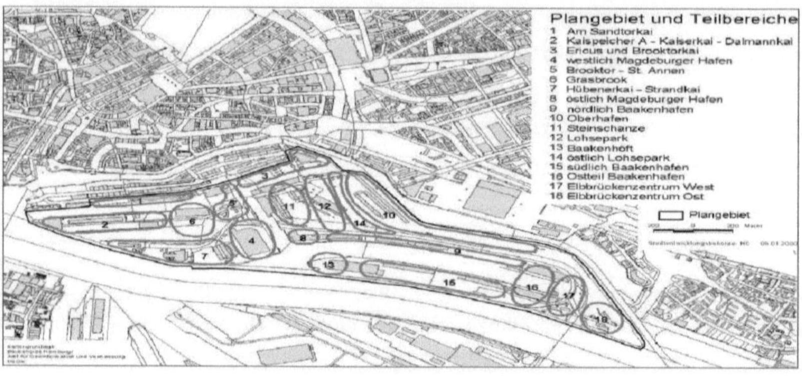

Abbildung 7: Plangebiete und Teilbereich der Hafencity (Quelle: HAFENCITY 2006: 26)

Neben den stadtplanerischen Aspekten bietet die Hafencity auch die Möglichkeit, in die nationalsozialistisch geprägte Geschichte Hamburgs zu blicken. Passend für den Geschichtsunterricht zum Thema Nationalsozialismus, stand auf einem Teil des heutigen Hafencityareals der Hannoversche Bahnhof (Abbildung 9). Von diesem abgelegenen Güterbahnhof wurden circa 7700 Juden, Sinti und Roma in

Ghettos und Konzentrations- und Vernichtungslager deportiert (vgl. KÄHLER, SCHÜRMANN 2010: 73).

Dieser Kopfbahnhof war ursprünglich nach der Errichtung der Hamburger Elbbrücken Endpunkt der Bahnstrecke Hannover-Hamburg, woher auch der Name des Bahnhofs rührte. Der Bahnhof, welcher von der Stadt aus gesehen etwas abgelegen war, verlor aber kurz nach dessen Erbauung an Bedeutung, da sich die Stadt Hamburg dazu entschloss, den heutigen, zentraler gelegenen Hauptbahnhof zu bauen. Nach dessen Fertigstellung im Jahr 1906 avancierte der Hannoversche Bahnhof zum Hauptgüterbahnhof der Hansestadt und war somit, da er im Gebiet des Hafens lag, von enormer Bedeutung für die damalige Hafenwirtschaft. Trotz dessen hielten weiterhin einige Personenzüge am Hannoverschen Bahnhof. So war der Bahnhof Ankunftspunkt vieler osteuropäischer Auswanderer, die von hier aus zu den Auswandererbaracken auf der Veddel[9] gebracht wurden[10] (vgl. KÄHLER, SCHÜRMANN 2010: 73f).

Erneute Bedeutung erfuhr der Bahnhof erst wieder, wie oben bereits beschrieben, zu Zeit des Nationalsozialismus mit den Deportationen.

Abbildung 9: Hannoverscher Bahnhof 1931 (Quelle:
http://www.deportationsausstellung.hamburg.de/db/cms_imgs/hbf1.jpg zuletzt geprüft am
30.07.2011)

---

[9] die Veddel ist heutzutage ein Stadtteil von Hamburg
[10] näheres hierzu in Kapitel 4.2.3

Heutzutage ist von dem Gebäude nichts mehr zu erkennen, da die Reste des Bahnhofs 1956 gesprengt wurden. Bis 2017 nutzt eine Spedition noch das Areal des ehemaligen Bahnhofs (vgl. KÄHLER, SCHÜRMANN 2010: 74). Von da an ist vorgesehen auf diesem Areal den sogenannten Lohsepark zu errichten und nach Idee der Planer soll an der Stelle des Bahnhofs eine Gedenkstätte entstehen. Erstmals in der Geschichte Hamburgs soll somit ein Ort des Gedenkens geschaffen werden, der an zentraler, im Alltag genutzter Stelle, gelegen ist (vgl. HAFENCITY: 2011: 29f).

Neben diesem wichtigen Aspekt ist vorgesehen, auf dem Areal der Hafencity eine Grundschule und ein Science-Center mit Wissenschaftstheater zu errichten, sowie die heute schon nach ihr benannte Hafencity Universität dorthin umzusiedeln. Das Internationale Maritime Museum Hamburg hat bereits seinen Platz in der Hafencity gefunden (vgl. HAFENCITY 2011: 3f). Die Hafencity versucht somit zumindest zum neuen Szeneviertel der Stadt zu werden. Der Schritt könnte gelingen, zumal auch die zukünftige Elbphilharmonie in diesem Stadtteil eine markante Rolle einnimmt.[11]

4.3.2 IBA (internationale Bauausstellung) Hamburg

Die IBA Hamburg kann ergänzend zur Hafencity eine Möglichkeit sein, weitere stadtplanerische Aspekte zu veranschaulichen. Anders als in der Hafencity, wird hier im Hamburger Stadtteil Wilhelmsburg nicht ein neuer Stadtteil geschaffen, sondern bestehende Bausubstanz erneuert und auch in Hinblick auf die Nachhaltigkeit neu gestaltet.

Abbildung 10: Logo der IBA Hamburg (Quelle: http://www.ibabahn.de/logos/iba_hopsm.gif zuletzt geprüft am 05.08.2011)

Die IBA ist keine gewöhnliche Ausstellung, auch wenn der Name Bauausstellung darauf schließen lässt. Der Grund dafür ist, dass es bei der IBA keine fertigen Lösungen gibt, was vor allem den betroffenen Anwohnern zu Gute kommt. Hierbei soll die IBA ein Angebot und ein Aufbruch für die Bewohner und die Stadt darstellen, da die Stadt Hamburg hier mit den Bürgern und Partner gemeinsam nach einem Weg für die Zukunft der Metropole sucht (vgl. IBA HAMBURG 2011a).

---

[11] Im Anhang sind noch weitere Bilder der Hafencity zu finden

Aufbauend auf dem Gedanken der IBA wurde 3 Leitthemen geschaffen (vgl. IBA HAMBURG 2011b):

Kosmopolis: dieses Leitthema soll zeigen, welchen Gewinn die internationale Stadtgesellschaft für die Metropole bietet

Metrozonen: hier führt die IBA innerhalb der Stadtgestaltung vor Augen, dass sich „innere Stadtränder" zu attraktiven Orten entwickeln können

Stadt im Klimawandel: in diesem Punkt zeigt die Stadt, dass Visionen Realität werden können und somit die Stadt trotz ihrer Versorgungsengpässe dem Klimawandel entgegentritt.

Wie dieses realisiert werden sollen, zeigt der nächste Abschnitt in dem einige Projekte der IBA Hamburg vorgestellt werden. Die Projekte lassen sich auch sehr gut in das Thema Stadtentwicklung in Bezug auf Nachhaltigkeit als Unterrichtsstoff und somit auch als Punkte einer Klassenfahrt aufgreifen. Da nicht alle Projekte der IBA besichtigt werden können, bietet das IBA-Dock auf der Veddel einen guten Überblick über diese Projekte.

4.3.2.1 Energiebunker Wilhelmsburg

Bei diesem Objekt handelt es sich um einen ehemaligen Flakbunker aus dem Zweiten Weltkrieg. Dieser Bunker soll ein Symbol des Klimaschutzkonzeptes „Erneuerbares Wilhelmsburg" werden. Hierzu soll der seit Kriegsende leer stehende Bunker mit einem Biomasse-Blockheizkraftwerk, einem Wärmespeicher und einer Solarthermie-Anlage ausgestattet werden und somit Warmwasser und Heizwärme für die Wohnungen in Wilhelmsburg erzeugen (vgl. IBA HAMBURG 2009: 14).

Nachdem das Gebäude saniert wurde, ist der weitere Plan ist, auf dem Dach des Bunkers ein Café mit Terrasse auf 30 Metern Höhe zu eröffnen. Wie oben schon angedeutet, soll darüber hinaus auf drei Ebenen ein Kraftwerk entstehen. Es ist vorgesehen, auf dem Dach und der Südfassade Solarenergie zu gewinnen (siehe Abbildung 11) und im Inneren des Bunkers soll das Blockheizkraftwerk entstehen. Dieses gibt dann seine überschüssige Wärme an den Wärmespeicher ab.

Das Ziel dieses Projektes ist es einen Teil Wilhelmsburgs mit CO_2-effizientem Strom und Wärme zu versorgen. Die erste Wärmelieferung ist für Ende 2012 geplant (vgl. IBA HAMBURG 2009: 14f). Zukünftig können Schülerinnen und Schüler somit erkennen, wie eine zukunftsweisende Energieversorgung einer Metropole wie Hamburg gestaltet sein kann.

Abbildung 11: Animation des Energiebunkers Wilhelmsburg (Quelle: http://www.iba-hamburg.de/bilderarchiv/projektbilder/energiebunker/energiebunker_01.jpg zuletzt geprüft am 05.08.2011)

4.3.2.2 Der Energieberg Georgswerder

Dieses Projekt kann derzeit leider nicht besichtigt werden, die Gründe dafür werden im Laufe des Kapitels erläutert. Dennoch stellt das Projekt eine Innovation in Bezug auf nachhaltige Stadtplanung dar und kann somit auch für diesen Ansatz schülerbezogen angewandt werden, indem der Besuch des oben schon genannten IBA-Docks zu den Stationen dieser Klassenfahrtsetappe wird.

Der rund 40 Meter hohe Berg der ehemaligen Deponie Georgswerder ist schon von weitem sichtbar. Nach dem Zweiten Weltkrieg wurden auf den hier gelegenen flachen Wiesen Trümmer und Haushaltsmüll aufgetürmt. Im Laufe der Zeit kamen giftige Industrieabfälle wie zum Beispiel Farben und Lacke, hinzu. Die Deponie wurde schlussendlich im Jahr 1979 geschlossen. 1983 wurde festgestellt, dass am Fuße des Müllbergs giftiges Dioxin austrat und in das Grundwasser gelang. Um diesem entgegenzuwirken wurden umfangreiche Sanierungsmaßnahmen in Angriff genommen, wobei die Deponie mit einer Kunststoffdichtungsbahn und Oberboden bedeckt und eine erste Windkraftanlage auf dem Berg erbaut wurde.

Das Grundwasser wurde und wird von da an mit umfangreichen Maßnahmen geschützt (vgl. IBA HAMBURG 2009: 16).

Für die Zukunft ist geplant, die Deponie als eine Art Energieberg zu nutzen. Hierfür wurde bereits 2009 eine 16.000m^2 große eine Photovoltaikanlage am Südhang des Berges erbaut und eine neuere Windenergieanlage mit Aussichtsplattform soll die bestehende ersetzen. Des Weiteren ist geplant, den Grasschnitt des Berges als Biomasse für eine Biogasanlage und den Energiegehalt des aufgefangenen, umfangreich gereinigte Grund- und Sickerwasser mittels Wärmepumpe zu nutzen. Bereits heute wird das Deponiegas, welches einen hohen Methananteil besitzt durch die benachbarte Kupferhütte Aurubis AG thermisch genutzt (vgl. IBA HAMBURG 2009: 16f).

Weiterhin soll der Energieberg zu einem Treffpunkt für die Wilhelmsburger und ihre Gäste werden, von welchem man einen fast einmaligen Blick auf Hafen und Michel hat (vgl. IBA HAMBURG 2009: 17).

4.3.2.3   Klimaschutz im Open House

Als letztes Projekt, welches von der IBA vorgestellt wird, zeichnet sich das Open House dadurch aus, dass die Bewohner des Hauses direkt in den Nutzen dieses Projektes kommen. Auch hier wird den Schülerinnen und Schülern zukünftig veranschaulicht, wie Energie effizient genutzt werden kann und somit Nachhaltigkeit demonstriert.

Bei diesem Projekt, welches im sogenannten Reiherstiegviertel entsteht, wird die alte Hamburger Tradition von Genossenschaftswohnungen wieder aufgenommen und weiter geführt (vgl. IBA HAMBURG 2009: 26).

Es entstehen an dieser Stelle 32 genossenschaftliche Mietwohnungen, acht Stadthäuser und vier Dachlofts, deren Fertigstellung für den Herbst diesen Jahres vorgesehen ist. Was macht dieses Projekt aber zu einem Klimaschutzfaktor?

Die Gebäude sollen nicht nur Passivhäuser sein, sondern die Architekten planten diese Häuser als Passivhäuser-Plus. Was dieses zu bedeuten hat, wird anschließend näher erläutert (vgl. IBA HAMBURG 2006: 26f).

Ein normales Passivhaus darf lediglich einen Wärmeverbrauch von höchstens 15 Kilowattstunden pro Quadratmetern und Jahr und einen Primärenergiebedarf einschließlich Warmwasser und Haushaltstrom von unter 120 Kilowattstunden pro Quadratmetern und Jahr haben.

Das Passivhaus-Plus zeichnet sich darin aus, dass durch energetische Maßnahmen der Primärenergiebedarf der Häuser im Vergleich zur Hamburger Klimaschutzverordnung und dem Passivhaus-Standard erheblich gesenkt wird, so dass es ebenfalls zu einer Einsparung von CO_2-Emmissionen kommt (vgl. IBA HAMBURG 2006: 27).

Um dieses zu bewerkstelligen, sahen die Planungen folgendermaßen aus: zwei Blockheizkraftwerke wurden installiert, eines davon mit einer Biogas-Verfeuerung, welches durch einen Spitzenlastkessel als Gas-Brennwerttherme ergänzt wird. So kann eine Biogasnutzung von mindestens 40 Prozent erreicht wird.

Die Wärme der Kraftwerke soll ebenfalls als Heizenergie und zur Warmwasserbereitung genutzt werden. Der gewonnene Strom von etwa 43 Megawattstunden pro Jahr soll einerseits selbst genutzt und andererseits ins öffentliche Stromnetz gespeist werden. So können die CO_2-Emissionen von 64 Tonnen auf maximal 10 Tonnen pro Jahr reduziert werden. Auf den Flachdächern der Gebäude entsteht, wie auch schon bei den anderen Projekten, eine Photovoltaikanlage, die etwa 56 Megawattstunden Strom pro Jahr erzeugt. Dieser Strom wird ebenfalls zum Teil selbst genutzt oder ins öffentliche Stromnetz gespeist, wodurch zusätzlich 29 Tonnen CO_2 eingespart werden können. Insgesamt werden so Gebäude geschaffen, die im Saldo mehr Energie abgeben, als sie wirklich benötigen (vgl. IBA HAMBURG 2011c). Dieses ist somit ein weiteres Projekt an dessen Beispiel die Schülerinnen und Schüler nachhaltige Stadtplanung erleben können.

4.3.3 Ballinstadt

Die Ballinstadt (siehe Abbildung 12) kann unter anderem eine Ergänzung zum Geschichtsunterricht darstellen. Sie ist ein Auswanderermuseum, welches auf der Veddel gelegen ist und im Jahr 2007 eröffnet wurde. Dieses Projekt soll einerseits Denkmal, andererseits aber auch Museum, Erlebniswelt und Forschungsstelle sein (vgl. JOHN-GRIMM 2006: 137) und zeigt, wie die Menschen Ende des 19. und Anfang des 20. Jahrhunderts nach Amerika ausgewandert sind.

Dieser Exkursionspunkt bietet ebenfalls, wie die vorherigen Punkte auch, einen Bezug zu den Bildungsplänen. So ist diese unter anderem im Bildungsplan für Geschichte an Gymnasien für die Klasse 7 oder 8 zum Thema „Industrialisierung und ‚soziale Frage'" verankert, der die Ballinstadt sogar als mögliches Ausflugsziel anführt (Freie und Hansestadt Hamburg 2004: 30).

Die Ballinstadt stellt ein Beispiel dafür dar, wie die Auswandererquartiere zur damaligen Zeit aussahen. Sie wurde nach dem Reeder Albert Ballin benannt, welcher damals Direktor der Hapag-Reederei war und der viele der Auswanderungsschiffe gehörten. Allein von Hamburg wanderten etwa fünf Millionen Richtung Amerika aus. Viele von ihnen waren Juden aus den östlichen Teilen Europas. Diese zogen gerade Hamburg als Ausgangspunkt vor, weil die Auswandererquartiere beispielsweise eine Synagoge, aber auch einen Kinderspielplatz und ein Krankenhaus zu bieten hatten. Um sich nicht nur auf die Juden zu spezialisieren, gab es selbstverständlich auch eine christliche Kirche (vgl. Tzortzis 2007).

Die Ausstellungsfläche der Ballinstadt beläuft sich auf 3 Gebäude welche auf einem etwa 30.000 m^2 großen Terrain angesiedelt sind. Unter anderem gibt es in den Gebäuden einen nachgebauten Schlafsaal, sowie eine interaktive Ausstellung über das Leben in der Auswandererstadt und der Zeit nach der Auswanderung zu sehen (BALLINSTADT 2011).

Die Ballinstadt bietet somit den Schülerinnen und Schülern einen Überblick darüber, was die Intentionen der damaligen Auswanderer waren und wie sich der Aufenthalt vor der Abreise in die neue Heimat auf diese Menschen ausgewirkt hat.

Abbildung 12: Luftbild der Ballinstadt (Quelle:
http://www.ballinstadt.de/BallinStadt_Auswanderermuseum_Hamburg/Luftbild_files/shapeimage_
12.png zuletzt geprüft am 07.08.2011)

5. Konzeptaussichten für Hamburg

Wie in Teilen dieser Arbeit bereits erläutert wurde, sind die Angebote in Hamburg so zahlreich, so dass dementsprechend sehr unterschiedliche Klassenfahrten durchgeführt werden könnten. Während der Bearbeitung dieser Bachelorarbeit hat sich mir jedoch die Frage gestellt, inwiefern es überhaupt möglich ist, konkrete Konzepte für Klassenfahrten nach Hamburg zu erstellen. Es bedarf eingehender Kenntnisse der jeweiligen Bildungspläne der Bundesländer, aber auch für ausländische Schulklassen wird Hamburg als Destination genutzt. Darüber hinaus sind die Anforderungen der Klassen unterschiedlich. Einerseits haben die Klassen im vorhergehenden Unterricht unterschiedliche Vorkenntnisse erworben beziehungsweise haben zu unterschiedlichen Schwerpunkten gearbeitet. Andererseits legen die Lehrkräfte auch während der Exkursion einen anderen Schwerpunkt bezüglich der Zusammenhänge, die vornehmlich von Schülerinnen und Schülern vor Ort erarbeitet werden sollen. Die Hamburg Tourismus GmbH hat zur jetzigen Zeit auch keine Intentionen, solche Konzepte für die Hansestadt zu erarbeitet, da auch sie der Auffassung sind, dass Konzepte für Klassenfahrten zu umfangreich wären (vgl. MÜLLER 2011a). Stattdessen macht es scheinbar durchaus mehr Sinn, wenn sich Lehrerinnen und Lehrer selber über die Möglichkeiten für Exkursionen und Klassenfahrten erkundigen und sich ein eigenes, auf die jeweiligen Schülerinnen und Schüler abgestimmtes Konzept erarbeiten. Unbestritten bleibt, dass Hamburg in Bezug auf Klassenfahrten enormes Potenzial hat und dieses auch erkannt und genutzt werden sollte.

Wie eben begründet, ist es schwierig, ein konkretes Konzept zu einer Klassenreise zu entwickeln. In den Kapiteln 4.2.1 und 4.2.2 habe ich schon eine Auswahl möglicher Exkursionsziele für den Geographieunterricht vorgestellt. An dieser Stelle möchte ich diese nun wieder aufgreifen und miteinander verknüpfen, so dass ich einen möglichen Ansatz oder eine Idee von einer eventuellen Exkursion vorstellen kann.

Diese Exkursionspunkte könnten mit den Schwerpunkten der Nachhaltigkeit und Stadtplanung verbunden werden. Dieser Themenbereich wird in der Oberstufe unter anderem im Rahmenplan Geographie der Freien und Hansestadt Hamburg thematisiert (vgl. FREIE UND HANSESTADT HAMBURG 2009: 17f).

Die hier gesteckten Schwerpunkte auf „Globales Problemfeld und Handlungsansätze für nachhaltige Entwicklungen", sowie Stadtplanung (vgl. FREIE UND HANSE-

STADT HAMBURG 2009: 18) sind Punkte, die sich an den beiden Projekten Hafencity und IBA Hamburg sehr gut thematisieren lassen. Vorangehend im Unterricht
könnte man sich anschauen, was überhaupt Nachhaltigkeit ist und auch Grundzü-
ge der Stadtplanung kennenlernen. Hierbei können auch Modelle wie die von Walter Christaller hilfreich sein. Dementsprechend können sich die Schülerinnen und
Schüler im Unterricht mit den theoretischen Grundlagen auseinander setzen. Die
Exkursion soll die Möglichkeit bieten, die im Unterricht gelernten theoretischen
Zusammenhänge mit der Praxis zu verbinden beziehungsweise dort umzusetzen.
Eine praktische Auseinandersetzung vor Ort kann auf vielerlei Weise gestaltet
werden, so können die Schülerinnen und Schüler beispielsweise schon zu Hause
Kurzvorträge vorbereiten.

Darüber hinaus können die Schülerinnen und Schüler an diesem Beispiel Kompe-
tenzen[12] erwerben. Weiterhin lassen sich diese aktuellen Beispiele mit den im
Hamburger Bildungsplan Geographie für Oberstufen konkretisierten Punkten des
Lebensweltbezug, sowie der Aktualität und exemplarischer Prinzipien in Bezug
bringen. Diese schreiben unter anderem vor, dass der Unterricht die Aufmerksam-
keit und Offenheit für diese Unterschiede und die Bereitschaft und Fähigkeit zum
Wechsel der Perspektive unterstützen sollte. So können die Schülerinnen und
Schüler obendrein das Verständnis von Zusammenhängen zwischen natürlichen
Bedingungen und anthropogenen Eingriffen Kontroversen analysieren. Dies kann
somit zu eigenständigen Werturteilen führen, wobei in aktuellen Kontroversen den
Fragen des räumlichen Nutzungswandels einen hohen Stellenwert zugeschrieben
wird (vgl. Freie und Hansestadt Hamburg 2009: 11f).

6. Fazit

Wie in der Einleitung vorgestellt, sollte sich diese Arbeit mit der Destination Hamburg als mögliches Klassenfahrtsziel auseinander setzen. Konkret sollte der Frage
nachgegangen werden, welche pädagogisch wert- und sinnvollen Möglichkeiten
die Destination Hamburg für eine Klassenfahrt bietet, um als mögliches Ziel in
Frage zu kommen.

Um diese Frage zu beantworten, habe ich in Kapitel 2 zunächst wichtige Begriffe
definiert. Hierzu kann ich zusammenfassen, dass der Tourismus insgesamt eine

---

[12] siehe hierzu Kapitel 3

Vielzahl von Reisearten, von Privat- bis zu Dienst- und Geschäftsreisen umfasst, auch wenn umgangssprachlich damit oft nur die privaten Urlaubsreisen bezeichnet werden (vgl. MUNDT 2005: 691). Der Begriff Destination fasst das für einen spezifische Zielgruppe relevante Zielgebiet zusammen und beschreibt ebenfalls einen Ort mit einem Muster, von Attraktionen und damit verbundenen Einrichtungen des Tourismus, den ein einzelner Tourist oder eine Touristengruppe für einen Besuch auswählt und welchen die Leistungsersteller vermarkten (vgl. MCINTYRE ET AL. 1993: 22). Angebot und Nachfrage sind mögliche Einflussfaktoren, die auf die Destination einwirken. Grundsätzlich gibt es nicht nur eine Form der Klassenfahrt, sondern vier sich unterscheidende Kategorien[13].

In Kapitel 3 habe ich die Anforderungen an ein Klassenfahrtziel sowie Möglichkeiten der Kompetenzaneignung auf einer Klassenfahrt vorgestellt. Hierbei habe ich aufgezeigt, dass es verschiedene Anforderungen an Klassenfahrtsdestinationen gibt. Dies könnten unter anderem die Kosten der Klassenfahrt oder auch die Eignung der Destination als Klassenfahrtsziel sein. Weiterhin habe ich in diesem Kapitel aufgezeigt, dass nicht nur eine inhaltliche Auseinandersetzung vor Ort stattfinden kann, sondern auch andere Kompetenzbereiche, wie zum Beispiel die Kommunikations- oder Handlungskompetenz, gefördert und ausgebaut werden können.

Durch die Vornahme der unterschiedlichen Definitionen, sowie der Beschreibung der Anforderungen an eine Klassenfahrtsdestination, habe ich meine Fragestellung theoretisch fundiert. In Kapitel 4 bin ich gezielt auf die Destination Hamburg eingegangen. Hier kann man zusammenfassend sagen, dass die Destination Hamburg einige Übernachtungsmöglichkeiten, ebenso wie eine große Vielzahl an Ausflugzielen bietet. Aufgrund dieser großen Vielzahl, habe ich nur einige ausgewählte Angebote vorgestellt, die in Kapitel 5 wieder aufgenommen wurden. Darüber hinaus ermöglicht ein relativ gut ausgebautes öffentliches Verkehrsnetz es den Teilnehmern einer Klassenfahrt, sich weitestgehend ohne PKW oder Reisebus innerhalb der Stadt fortzubewegen.

Aufgrund unterschiedlicher Faktoren ist es nur begrenzt möglich, ein konkretes Klassenfahrtskonzept zu entwickeln. Einerseits sind die Rahmenpläne der Bundesländer unterschiedlich, andererseits sind die Vorstellungen der Lehrkräfte in Bezug auf die Inhalte und den Ablauf der Klassenfahrt verschieden. Dies könnte

---

[13] siehe Kapitel 2.5

eventuell ein Grund sein, weshalb die Hamburg Tourismus GmbH keine konkreten Exkursionsvorschläge herausgibt. Trotz der großen Auswahl an möglichen Exkursionszielen habe ich in Kapitel 5 den Versuch unternommen, die von mir vorgestellten Angebote in Zusammenhang zu bringen und einen möglichen Teilausschnitt einer Exkursion vorzustellen. Die Inhalte, die im Rahmen dieses Teilausschnitts verfolgt werden können, können in den Bildungsplan der Freien und Hansestadt Hamburg für Gymnasien eingeordnet werden.

Insgesamt ist im Rahmen dieser Arbeit deutlich geworden, dass Hamburg als Destination für Klassenfahrten ein großes Potenzial bietet. Allerdings ist ebenso deutlich geworden, dass die planende Lehrperson nicht auf fertige Konzepte zurückgreifen kann, sondern sich eigenständig ein Exkursionskonzept erarbeiten muss. In diesem Sinne liegt es bei der Lehrperson selbst, von welchem Wert die Klassenfahrt für die Schülerinnen und Schüler sein und was mit dieser erreicht werden kann.

7. Literaturverzeichnis

Beitrag

BIEGER, THOMAS; WIDMANN, FABIAN (2008): Destination. In: Wolfgang Fuchs, Jörn W. Mundt und Hans-Dieter Zollondz (Hg.): Tourismus-Lexikon. 1. Auflage. München [u.a.]: Oldenbourg, S. 179–185.

BUDKE, ALEXANDRA (2009): Kompetenzentwicklung auf geographischen Exkursionen. In: Alexandra Budke und Maik Wienecke (Hg.): Exkursion selbst gemacht. Innovative Exkursionsmethoden für den Geographieunterricht. Potsdam: Univ.-Verl, S. 11–20.

HÜNING, GABRIELE (2008): Klassenfahrten. In: Wolfgang Fuchs, Jörn W. Mundt und Hans-Dieter Zollondz (Hg.): Tourismus-Lexikon. 1. Auflage. München [u.a.]: Oldenbourg, S. 405–407.

MUNDT, JÖRN W. (2008): Tourismus. In: Wolfgang Fuchs, Jörn W. Mundt und Hans-Dieter Zollondz (Hg.): Tourismus-Lexikon. 1. Auflage. München [u.a.]: Oldenbourg, S. 691–694.

Buch (Monographie)

BIEGER, THOMAS (2005): Management von Destinationen. 6., unwesentlich veränderte Auflage. München [u.a.]: Oldenbourg.

FREYER, WALTER (2006): Tourismus. Einführung in die Fremdenverkehrsökonomie. 8., überarb. und akt. Auflage. München [u.a.]: Oldenbourg.

KÄHLER, GERT; SCHÜRMANN, SANDRA (2010): Spuren der Geschichte. Hamburg, sein Hafen und die Hafencity. Hamburg: Hafencity Hamburg GmbH (Arbeitshefte zur HafenCity, 5).

KASPAR, CLAUDE (1991): Die Tourismuslehre im Grundriß. 4., überarb. und erg. Auflage. Bern [u.a.]: Haupt (St. Galler Beiträge zum Tourismus und zur Verkehrswirtschaft : Reihe Tourismus, 1).

MCINTYRE, GEORGE; HETHERINGTON, ARLENE; INSKEEP, EDWARD (1993): Sustainable tourism development. Guide for local planners. Madrid: World Tourism Organization (WTO).

MUNDT, JÖRN W. (2006): Tourismus. 3., völlig überarb. und erg. Auflage. München [u.a.]: Oldenbourg.

Buch (Sammelwerk)

BUDKE, ALEXANDRA; WIENECKE, MAIK (Hg.) (2009): Exkursion selbst gemacht. Innovative Exkursionsmethoden für den Geographieunterricht. Universität Portsdam. Potsdam: Univ.-Verl.

FUCHS, WOLFGANG; MUNDT, JÖRN W.; ZOLLONDZ, HANS-DIETER (Hg.) (2008): Tourismus-Lexikon. 1. Auflage. München [u.a.]: Oldenbourg.

GHS GESELLSCHAFT FÜR HAFEN-UND STANDORTENTWICKLUNG (Hg.) (2003): Hafen-city Hamburg. Städtebau, Freiraum und Architektur. Hamburg: GHS Gesellschaft für Hafen-und Standortentwicklung (Arbeitshefte zur Hafen-City, 6).

HAFENCITY HAMBURG GMBH (Hg.) (2011): Projekte. Einblicke in die aktuellen Ein-wicklungen. Hamburg: Hafencity Hamburg GmbH.

HAFENCITY HAMBURG GMBH, EHEMALS GHS GESELLSCHAFT FÜR HAFEN-UND STAN-DORTENTWICKLUNG (Hg.) (2006): HafenCity Hamburg. Der Masterplan = HafenCi-ty Hamburg : the Masterplan. Unter Mitarbeit von Behörde für Stadtentwicklung und Umwelt der Freien und Hansestadt Hamburg. Nachdr. Hamburg: Hafencity Hamburg GmbH (Arbeitshefte zur Hafen-City, 4).

IBA HAMBURG (Hg.) (2009): Klimafaktor Metropole. Klimaschutzkonzept erneuerba-res Wilhelmsburg. IBA Hamburg. 2. Aufl. Hamburg.

Gesetz / Verordnung

FREIE UND HANSESTADT HAMBURG; BEHÖRDE FÜR BILDUNG UND SPORT; AMT FÜR BILDUNG - B22 - (2004): Rahmenplan Geschichte. Bildungsplan achtstufiges Gymnasium. Sekundarstufe I. Online verfügbar unter http://www.hamburg.de/contentblob/2536328/data/geschichte-gy8-sek-i.pdf, zu-letzt geprüft am 26.08.2011.

FREIE UND HANSESTADT HAMBURG; BEHÖRDE FÜR SCHULE UND BERUFSBILDUNG; LANDESINSTITUT FÜR LEHRERBILDUNG UND SCHULENTWICKLUNG (2009): Rahmen-plan Geographie. Bildungsplan Gymnasiale Oberstufe. Online verfügbar unter http://www.hamburg.de/contentblob/1475200/data/geographie-gyo.pdf, zuletzt geprüft am 28.07.2011.

Hochschulschrift

JOHN-GRIMM, MARINA (2006): Tourismus-Destinationen zwischen Profilierung und Austauschbarkeit. Dissertation. Universität Hamburg, Hamburg.

Internetdokument

AUSWANDERERMUSEUM BALLINSTADT (2011): Ihr Weg durch die BallinStadt. Ballin-stadt Hamburg. Hamburg. Online verfügbar unter http://www.ballinstadt.de/BallinStadt_Auswanderermuseum_Hamburg/Luftbild.ht ml, zuletzt geprüft am 10.08.2011.

DEUTSCHES JUGENDHERBERGSWERK (2011a): Jugendherberge "Horner Rennbahn". Deutsches Jugendherbergswerk. Online verfügbar unter http://www.jugendherberge.de/de/jugendherbergen/visitenkarte/jh.jsp?IDJH=522, zuletzt geprüft am 22.07.2011.

DEUTSCHES JUGENDHERBERGSWERK (2011b): Jugendherberge "Auf dem Stintfang". Deutsches Jugendherbergswerk. Online verfügbar unter http://www.jugendherberge.de/de/jugendherbergen/visitenkarte/jh.jsp?IDJH=523, zuletzt geprüft am 22.07.2011.

DEUTSCHES JUGENDHERBERGSWERK (2011c): Jugendherbergssuche. Deutsches Jugendherbergswerk. Online verfügbar unter

http://www.jugendherberge.de/de/jugendherbergen/suche/ergebnis/index.jsp?pa
ge=0, zuletzt geprüft am 22.07.2011.

HAFENCITY HAMBURG GMBH (2011): Ausgezeichnete Hochbauten – das Umweltzeichen HafenCity. HafenCity Hamburg GmbH. Hamburg. Online verfügbar unter
http://www.hafencity.com/de/konzepte/ausgezeichnete-hochbauten-das-umweltzeichen-hafencity.html, zuletzt geprüft am 05.08.2011.

HAMBURG TOURISMUS GMBH (2011a): Übernachtungszahlen europäischer Metropolen 2010. Hamburg Tourismus GmbH. Hamburg. Online verfügbar unter
http://www.hamburg-tourism.de/business-presse/zahlen-fakten/tourismusstatistiken/europaeische-metropolen/, zuletzt geprüft am
25.07.2011.

HAMBURG TOURISMUS GMBH (2011b): Schüler- und Jugendgruppen. Online verfügbar unter http://www.hamburg-tourism.de/schueler-und-jugendgruppen/, zuletzt
geprüft am 04.08.2011.

HAMBURG TOURISMUS GMBH (2011c): Hamburg CARD. Hamburg Tourismus GmbH.
Online verfügbar unter http://www.hamburg-tourism.de/suchen-buchen/hamburg-card/, zuletzt geprüft am 10.08.2011.

HAMBURGER VERKEHRSVERBUND (2011a): Verkehrsnetzplan. Hamburger Verkehrsverbund. Hamburg. Online verfügbar unter http://geofox.hvv.de/jsf/mapsLGV.seam, zuletzt geprüft am 10.08.2011.

HAMBURGER VERKEHRSVERBUND (2011): Schüler-Gruppenkarten. Hamburger Verkehrsverbund. Hamburg. Online verfügbar unter
http://www.hvv.de/fahrkarten/tageskarten/schueler-gruppenkarte/, zuletzt geprüft
am 10.08.2011.

Hostelbookers.com (2011): Hostels in Hamburg, Deutschland. Online verfügbar
unter http://de.hostelbookers.com/hostels/deutschland/hamburg/, zuletzt geprüft
am 23.07.2011.

HOSTELWORLD.COM (2011): Hamburg, Germany, Europe. Online verfügbar unter
http://www.hostelworld.com/search?search_keywords=Hamburg%2C+Germany&
country=Germany&city=Hamburg&, zuletzt geprüft am 27.07.2011.

IBA HAMBURG (2011a): Mission Zukunft zeigen! IBA Hamburg. Hamburg. Online
verfügbar unter http://www.iba-hamburg.org/de/01_entwuerfe/3_mission/mission_zukunftzeigen.php, zuletzt geprüft am 05.08.2011.

IBA HAMBURG (2011b): Die drei Leitthemen. Rote Fäden durch die IBA. IBA Hamburg. Hamburg. Online verfügbar unter http://www.iba-hamburg.org/de/01_entwuerfe/4_leitthemen/leitthemen_start.php, zuletzt geprüft
am 05.08.2011.

IBA HAMBURG (2011c): Open House. Flexible Wohnformen am Ernst-August-Kanal.
IBA Hamburg. Hamburg. Online verfügbar unter http://www.iba-hamburg.org/de/01_entwuerfe/6_projekte/projekte_openhouse.php, zuletzt geprüft am 05.08.2011.

JUGENDHERBERGE "AUF DEM STINTFANG" (2011a): Programme und Angebote. Deutsches Jugendherbergswerk. Online verfügbar unter http://www.djh-nordmark.de/jh/hamburg-stintfang/programme-angebote.html, zuletzt geprüft am
23.07.2011.

JUGENDHERBERGE "AUF DEM STINTFANG" (2011b): Programme der Jugendherberge. Deutsches Jugendherbergswerk. Online verfügbar unter http://www.djh-nordmark.de/jh/hamburg-stintfang/programme-angebote/ab-9-klasse.html.

JUGENDHERBERGE "AUF DEM STINTFANG" (2011c): Räume und Ausstattung. Deutsches Jugendherbergswerk. Online verfügbar unter http://www.djh-nordmark.de/jh/hamburg-stintfang/jugendherberge/raeume-ausstattung.html, zuletzt geprüft am 27.07.2011.

JUGENDHERBERGE "HORNER RENNBAHN" (2011a): Programme und Angebote. Deutsches Jugendherbergswerk. Online verfügbar unter http://www.djh-nordmark.de/jh/hamburg-horner-rennbahn/programme-angebote.html, zuletzt geprüft am 23.07.2011.

JUGENDHERBERGE "HORNER RENNBAHN" (2011b): Programme der Jugendherberge. Deutsches Jugendherbergswerk. Online verfügbar unter http://www.djh-nordmark.de/jh/hamburg-horner-rennbahn/programme-angebote/ab-8-klasse.html, zuletzt geprüft am 23.07.2011.

JUGENDHERBERGE "HORNER RENNBAHN" (2011c): Räume und Ausstattung. Deutsches Jugendherbergswerk. Hamburg. Online verfügbar unter http://www.djh-nordmark.de/jh/hamburg-horner-rennbahn/jugendherberge/raeume-ausstattung.html, zuletzt geprüft am 27.07.2011.

RHODE-JÜCHTERN, TILMAN (2002): Raumkonzepte im Geographieunterricht. Curriculum 2000+. Grundsätze und Empfehlungen zur Lehrplanarbeit im Schulfach Geographie. Hg. v. Deutsche Gesellschaft für Geographie. Jena. Online verfügbar unter http://www.klett.de/sixcms/media.php/229/raumkonzepte_rohde_juechtern.pdf, zuletzt geprüft am 10.08.2011.

Interviewmaterial

MÜLLER, EIKE (2011a): Konzepte für Klassenfahrten an der Destination Hamburg. Interview mit Marion Wessling (Hamburg Tourismus GmbH) am 25.06.2011. Hamburg. Gedächtnisprotokoll.

MÜLLER, EIKE (2011b): Anforderungen an Klassenfahrten aus Sicht einer Lehrkraft. Interview mit Dieter Skolaster am 05.08.2011. Hamburg. Tonband.

Zeitungsartikel

TZORTZIS, ANDREAS (2007): Hoping to Lure Visitors by Recalling Departures. In: The New York Times, 14.07.2007. Online verfügbar unter http://www.nytimes.com/2007/07/14/arts/design/14muse.html?ex=1342065600&en=23225dce3021f0df&ei=5090&partner=rssuserland&emc=rss, zuletzt geprüft am 07.08.2011.

8. Abbildungsverzeichnis

9. Anhang

9.1 Fotos

Abbildung 13: Hafencity1 (eigene Aufnahme 15.08.2011)

Abbildung 14: Hafencity2 (eigene Aufnahme 15.08.2011)

Abbildung 15: Baustelle der Elbphilharmonie (eigene Aufnahme 15.08.2011)